ESTADO
ECOLÓGICO
BIODIVERSIDAD Y
MEDIOAMBIENTE

ESTADO
ECOLÓGICO
BIODIVERSIDAD Y
MEDIOAMBIENTE

Restauración Climática "El Planeta Primero"

JUAN DE DIOS CABRAL

Número de Control de la Biblioteca del Congreso de EE. UU.:   2019914890
ISBN: Tapa Dura   978-1-5065-3029-1
                   Tapa Blanda   978-1-5065-3028-4
                   Libro Electrónico   978-1-5065-3027-7

Fecha de revisión: 25/09/2019

Para realizar pedidos de este libro, contacte con:
Palibrio
1663 Liberty Drive, Suite 200
Bloomington, IN 47403
Gratis desde EE. UU. al 877.407.5847
Gratis desde México al 01.800.288.2243
Gratis desde España al 900.866.949
Desde otro país al +1.812.671.9757
Fax: 01.812.355.1576
ventas@palibrio.com
803371

ÍNDICE

INTRODUCCION

Con el presente proyecto: **Estado Ecológico, Biodiversidad y Medioambiente** *pretendemos motivar la conciencia universal con el fin de que se tomen las medidas urgentes que demanda el planeta en pos de la restauración de toda su estructura ecológica para así restablecer de manera definitiva la situación climática global que ya está afectando sensiblemente toda existencia de vida en el planeta tierra.*

Presentamos un análisis minucioso sobre las principales causas que podrían estar afectando profundamente la estabilidad del planeta para su relación armónica con el universo cercano, al tiempo que advertimos sobre las consecuencias futuras que esto podría suponer para la preservación y permanencia de la vida en este espacio del universo.

La presente propuesta, la cual hemos hecho de público conocimiento incluye un diseño completo de lo que podría ser un organismo rector independiente con jurisdicción legal encargado única y exclusivamente de todo aquello que tenga que ver con ecología, biodiversidad y medioambiente en toda la geografía planetaria. Dicho organismo estaría dotado de facultad legal para llevar a cabo programas masivos de preservación ecológica en cualquier punto del planeta sin que el mismo tenga ningún tipo de interferencia en los asuntos internos de ningún estado o nación guardando siempre estricto respecto por la auto determinación; política, religiosa y cultural de cada comunidad social en particular.

La creación del Estado Ecológico, biodiversidad y medioambiente es la principal prioridad que demanda el planeta en este momento para su estabilidad y armonía con el conjunto universal.

CARTA ABIERTA A LAS NACIONES UNIDAS:

Al Señor Antonio Guterres:
Secretario General de Las Naciones Unidas.

Extensiva a los Gobiernos e Instituciones Ecológicas del mundo.

A toda la comunidad Internacional:

Asunto: **Creación del Estado Ecológico, Biodiversidad y Medioambiente.**

Señores Embajadores y Delegaciones ante las Naciones Unidas.

Hoy más que nunca, el mundo se ve amenazado por inesperadas catástrofes naturales que surgen de manera imprevistas en cualquier momento y lugar, catástrofes que a la humanidad no le queda más que observa con asombro e impotencia ya que las mismas desafían toda posibilidad y capacidad humana con que cuenta la ciencia y la tecnología. La humanidad no tiene respuestas frente a los constantes comportamientos erráticos de la naturaleza que de manera inclemente sacuden los cimientos de Ciudades y Naciones, y lo más grave es, que tales anomalías las atribuimos al supuesto calentamiento global o a la voluntad divina. Sin lugar a dudas, dichas convulsiones resultan del desbalance manifiesto que ha experimentado el planeta en las últimas décadas produciendo erráticos cambios climáticos que escapan a los análisis de toda teoría científica.

Señores Embajadores, no es un secreto para nadie el deterioro por el que atraviesa el planeta. Nos preocupa sobre manera el hecho de que no haya un plan global que responda de manera eficaz a las necesidades que demanda el planeta para su estabilización y armonía con el Universo. El futuro del planeta dependerá de una decisión global que vaya más allá de todo interés personal o institucional. Se trata de salvaguardar el bien más esencial con que contamos los seres que cohabitamos en este espacio del Universo y que han de heredar las generaciones futuras.

Excelentísimos Embajadores, se podrán emitir mil resoluciones declarando; el día mundial del Agua, el día mundial del Árbol, el día mundial de la Ecología, el día mundial del Medioambiente, el día mundial de la Biodiversidad, el día mundial de la Tierra, entre otros, eso no ha sido ni será suficiente para solucionar el problema del deterioro Planetario. Es urgente y necesario que se dicte y proclame una resolución creando un organismo rector independiente cuya misión sea la de rehabilitar y sanear cuanto antes la estructura planetaria. Para tales fines me digno presentar ante ustedes y el mundo mi humilde propuesta de lo que podría ser: **El Estado Ecológico, Biodiversidad y Medioambiente** cuyo y único objetivo sería; sanear, cuidar, vigilar, proteger, salvaguardar y preservar la integridad ecológica del Planeta Tierra.

Si vos así hiciereis, el mundo y las generaciones futuras os recompensareis.

Juan de Dios Cabral
Julio 18 del 2018

LA SENTENCIA PROCLAMA;
Tratado I- Pág: 1- 48.

United Nations  Nations Unies

07 de junio de 2019

Saludos del Equipo de Información al Público,

En nombre del Secretario General, gracias por su carta y el regalo de una copia de su libro *La Sentencia Proclama* que han sido referidos a nuestra oficina para ser respondidos.

Los contenidos de su carta y el libro han sido leídos y debidamente tomados en cuenta y le agradecemos en particular por compartir su libro con nosotros.

Si bien apreciamos el propósito de sus propuestas, esperamos que comprenda que el Secretario General no actúa sin el apoyo de los Estados Miembros de la Organización. Toda propuesta, para ser considerada por los Estados Miembros, debe ser presentada por el Embajador de cualquier país para su inscripción oficial en la agenda de la Organización y una posterior votación por los Miembros. Le recomendamos que dirija su asunto al Estado Miembro correspondiente para su consideración. Usted puede encontrar la lista de todos los Estados Miembros en el siguiente enlace: www.un.org/es/member-states/

Le deseamos mucho éxito en la finalización de su proyecto, y le agradecemos por tomar la iniciativa de escribirnos.

Gracias por su interés en las Naciones Unidas y por comunicarse con nosotros.

Saludos cordiales,

Equipo de Información
Departamento de Información al Público

Al señor Francisco Antonio Cortorreal:
Embajador permanente ante las Naciones Unidas.

Asunto: solicitud formal de conocimiento y aprobación por las Naciones Unidas del proyecto:
Estado Ecológico, Biodiversidad y Medioambiente.

Honorable Embajador:
En Septiembre del 2018 publiqué el libro titulado LA SENTENCIA PROCLAMA cuyo primer tratado se titula, **Estado Ecológico, Biodiversidad y Medioambiente** *justificado con una comunicación dirigida al Secretario General de las Naciones Unidas, Señor Antonio Gusterres. Luego me dirigí a la sede de dicha Institución para entregar personalmente el mencionado proyecto pero no fue posible ya que tenía que tramitarlo vía correo, es entonces que procedo a preparar un dosier contentivo de 48 páginas más una carta dirigida al señor Secretario general de dicha Institución fechada en julio 18 del 2018, más el libro en el cual está redactado el citado proyecto, petición que me fue contestada a través del Departamento de Información en fecha, 07 de junio del 2019 en la que se me instruye a canalizar dicho proyecto vía el Embajador correspondiente.*

Honorable Embajador: Movido por los grandes acontecimientos naturales que en los últimos años vienen acaeciendo en toda la geografía planetaria los cuales podrían ser una clara señal de que el planeta nos está convocando a tomar medidas urgentes ya que el deterioro de todas sus estructuras es manifiesto, y que a pesar de esto, no existe un plan global solido que se encargue directamente de la protección planetaria en el orden Ecológico Biodiversidad y Medioambiente.

Honorable Embajador: Es preocupante que en los últimos tiempos estén sucediendo inexplicables acontecimientos erráticos de magnitud desproporcionadas a lo largo y ancho del planeta, especialmente en los puntos ecológicos más importantes como son: Las Selvas Amazónicas, las Islas Canarias y algunas Selvas de África entre otras. Nos preocupa que ante tales catástrofes ecológicas no se haya encendido una alarma mundial de emergencia dada las implicaciones que tendrá todo esto para el futuro del planeta, especialmente la intensificación del cambio climático que sin duda impactará profundamente la ecología y la biodiversidad planetaria provocando así inminentes consecuencias catastróficas que afectarán directa e inevitablemente a las próximas generaciones.

Señor embajador: Apelo a su sensatez y sensibilidad ya que si no tomamos en consideración las medidas urgentes que demanda el planeta tendremos que asumir las mismas consecuencias que enfrentaron nuestros antepasados; los Sumerios, los Atlantes, los Mayas, los Incas y los Aztecas entre otros, que a pesar de haber sido civilizaciones más desarrolladas que la nuestra, fueron extinguidas del Planeta quedando solo algunas ruinas de sus monumentos como muestra de su existencia en el pasado indefinido.

En nombre de la humanidad y de las demás especies que cohabitamos en este espacio del Universo, mi gratitud anticipada por su generosa disposición en favor y bienestar del planeta tierra así como por la infinita compasión de esa magna Institución por las generaciones futuras.

Con sentimientos de alta estima:

<u>Juan de Dios Cabral</u>
Agosto 30 del 2019

Anexo copias:
Carta enviada al Señor Secretario General de las Naciones Unidas, Antonio Guterres.
Carta que me envió las Naciones Unidas en fechada 07 de junio 2019.
Dosier de 48 páginas del proyecto: **Estado Ecológico Biodiversidad y Medioambiente.**

ACAPITE 1ro.

DESBALANCE DEL PLANETA

CAUSAS, CONSECUENCIAS Y SOLUCION.-

1) JUSTIFICACIÓN

No es un secreto para nadie, que en los últimos 100 años el planeta ha experimentado cambios climatológicos desproporcionales debido a los múltiples daños ecológicos sufridos en toda su estructura natural, específicamente, por la explotación indiscriminada de los recursos naturales no renovables trayendo como consecuencia; aumento de la contaminación ambiental, debilitamiento de la capa de ozono, disminución masiva de afluentes acuíferos, derretimiento de los glaciares más importantes, especies en vía de extinción entre otros, y lo más grave aún; 1ro. La perdida exorbitante de peso lo que ha hecho que el planeta pierda la estabilidad armónica con el universo y 2do. La incapacidad de recepción de las energías electromagnéticas procedente del Universo debido al deterioro acelerado de las fuentes naturales que atraen dichas energías.

La conservación y preservación de los recursos naturales no renovables es fundamental para la estabilidad energética del planeta, razón por la que estos elementos deben de ser estrictamente protegidos ya que de ellos depende el balance y la armonía del planeta con todo el Universo.

El planeta tierra al igual que todos los demás planetas, es un globo que flota en el espacio y su armonía con el Universo depende de condiciones básicas naturales como las antes señaladas las cuales son generadas y sustentadas por sí mismo.

Para que el planeta pueda contar con un balance normal deberá tener: 1ro) un peso específico y constante el cual se auto crea acorde con las leyes que rigen el universo y 2do) suficiente capacidad electromagnética que le permita la atracción de las energías procedentes de todo el cosmos; si estos elementos por alguna razón se debilitan lo más lógico es que el planeta comience a perder balance y armonía con el Universo. Estamos totalmente seguros de que ambos elementos se han ido deteriorando en muy poco tiempo, precisamente por el deterioro masivo de los recursos naturales no renovables siendo estos la fuente principal para el balance armónico del planeta con el conjunto universal.

Cada planeta está situado justamente en su justo lugar, ni un grado más, ni un grado menos, al tiempo que las leyes que regulan tal armonía lo van proveyendo de los elementos esenciales para asegurar su permanencia y estabilidad en el punto exacto correspondiente, elementos como: agua, oxigeno, vegetación, biodiversidad, minerales y carburantes entre otros. Cada uno de estos desempeña una función básica en la estructura orgánica, biofísica, energética y magnética del planeta las cuales Constituyen la principal fuente de nutrición del cuerpo planetario proveyéndolo de las energías básicas necesarias para su auto vitalización.

Los científicos debieran analizar con mayor profundidad todo aquello que esté relacionado con el elevado peso que ha ido perdiendo el planeta en los últimos cien (100) años. Peso que el planeta se ha ido auto construyendo paulatinamente durante miles de trillones de años acorde con las leyes que lo armonizan con el Universo. Es probable que los humanos desconozcamos esta realidad ya que nunca nadie ha hablado de esto como algo fundamental y que pudiera ser la causa principal del desbalance que experimenta el planeta hoy día cuyo resultado se manifiesta en los erráticos cambios climáticos.

Queramos reconocerlo o no, hemos alterado significativamente el orden natural del planeta y de forma acelerada e indiscriminada, lo que constituye un riesgo inminente para la estabilidad y supervivencia del mismo. Esta es una situación de suma gravedad, y tal parece que los científicos desconocen o quizás tratan de ignorar por alguna razón. Ellos (los científicos) nunca se han referido a este problema como algo fundamental, ni siquiera como posible causa real de eso que se llama "Cambio climático." Lo cierto es, que se está generando todo un estado de convulsión a lo largo y ancho del planeta dejando como resultado unas series de fenómenos naturales inusuales. Si existe calentamiento global es porque precisamente ha sido producido por algo que sobrepasa la capacidad de las energías naturales producidas por el planeta.

No incurramos en la ignorancia de atribuir estos fenómenos a supuestos designios divinos, o, a determinismos apocalípticos, o, a anuncios insensatos de manipulación profética. Esta situación tiene un nombre que se llama: **depredación masiva e indiscriminada de la ecología planetaria.**

Hoy se habla de contaminación, de agujeros negros, de calentamiento global, del derretimiento de los grandes glaciares, de los cambios climáticos entre otros, pero no se habla de las causas fundamentales que provocan todo este desorden planetario. Las principales causas del desbalance planetario podrían ser: **la pérdida masiva de peso y la pérdida de capacidad para que el planeta pueda atraer las energías magnéticas procedentes del universo.**

Por lo que parece, los científicos se sienten acorralados ya que solo hacen anuncio de lo que pudiera pasar, pero no hay un plan serio que contribuya a evitar futuras catástrofes. Es decir, no tienen repuestas concretas frente a los grandes cambios que de repente se están generando en toda la geografía planetaria, por ejemplo: variación climatológica, sequias sin precedentes, desaparición masiva de los acuíferos, grandes inundaciones, actividad sísmica y volcánica, y las nuevas modalidades de los tsunamis y los socavones o grandes hundimientos. Todo esto ocurre por las razones que hemos señalado y que todos conocemos, no es cuestión de mitología como algunos quieren interpretar. Se trata de una realidad que estamos provocando los humanos, precisamente con la destrucción masiva de los recursos naturales no renovables.

Lamentablemente, todo se está dejando a la suerte y al destino. El daño al planeta es tan grave que los diagnósticos científicos se quedan sumamente cortos frente a tal realidad ya que dichos diagnósticos solo se centran en anuncios sin repuestas concretas.

A pesar de los planteamientos teóricos y conclusiones científicas, muy poco o nada se está haciendo para encontrar las causas reales de todo este deterioro y desorden planetario. Parece que los científicos han preferido concentrarse más en el espacio exterior, que por cierto, si algún planeta de los tantos que nos rodean tiene algún problema, tengamos por seguro que su solución no estará a nuestro alcance, por lo menos en estos próximos dos mil años.

Todos sabemos de las inversiones billonarias que se están haciendo simplemente para meras exploraciones espaciales solo con el fin de confirmar si allí en algún planeta existió o no vida, mientras que aquí el planeta se deteriora velozmente sin que nadie se preocupe seriamente por las causas fundamentales de tal deterioro. En cuestiones ecológicas y medioambiente solo contamos con el esfuerzo de algunas organizaciones ecologistas y medioambientalistas, que por cierto tienen que mendigar unos cuantos dólares para poder realizar mínimamente algunos proyectos en favor del planeta. Es una paradoja pero es la realidad.

Se demanda de un programa inmediato de acción combinada entre todos los gobiernos, la comunidad científica, asociaciones ecológicas y de medioambiente y organismos internacionales. No se trata de cualquier situación, se trata de la preservación del planeta que es lo

más fundamental y sagrado que nos ha sido dado por el Universo. Sin él sería imposible la existencia no solo de la humanidad, sino, de la biodiversidad en general. Se ha de preservar la estabilidad armónica del planeta cueste lo que cueste y por encima de quien sea y pésele a quien le pese ya que sin él no habrá nada, ni siquiera posibilidad de vida en cientos de miles de años.

Señores científicos, estamos señalando una realidad matemática y por supuesto de carácter lógico, es asunto serio, más serio de lo que nos imaginamos. (Repito) todos los cambios que se están experimentando obedecen; a la pérdida excesiva de peso y la pérdida masiva de recursos naturales no renovables los cuales constituyen las fuentes básicas de las energías magnéticas que vitalizan al planeta.

Tanto la cantidad de peso como las energías electromagnéticas del planeta han sido liberadas en un periodo de tiempo relativamente corto, estos dos elementos son básicos para el equilibrio y la estabilidad térmica del planeta. En unos pocos años le hemos consumido al planeta el peso que este se construyó durante miles de trillones de años al tiempo que lo hemos desprotegido de las energías naturales que lo vitalizan.

Ahora bien, veamos algunas estadísticas oficiales que hablan por sí solas. No se trata de millones de toneladas de meteoritos imaginarios cayendo diariamente como lluvias desde el espacio como piensan algunos de manera ingenua, ni se trata de erupciones solares, ni de la explosión de supernova a una distancia de miles de millones de años luz de la tierra. El problema no está allá afuera, el problema está aquí aunque por ciertas circunstancias tratemos de ignorar.

Me permito mostrar los siguientes datos:

Según la tabla de consumo de barriles de petróleo por día en todo el mundo correspondiente al año 2013 ascendió a unos 89.860.000, ochenta y nueve millones ochocientos sesenta mil barriles diarios. https:// es.m.wikipedia.org>wiki>An... Cifra que continúa en aumento.

De acuerdo a estas cifras, en los últimos 100 años el planeta ha perdido un peso aproximado de 15 millones de toneladas por día, o sea, que en 24 horas el planeta pierde una cantidad de peso que probablemente tardó trillones de millones de años para construírselo. Si multiplicamos esta cantidad por 365 días estaremos hablando de: **15. 000.000 X 365 = 5, 475, 000, 000** cinco billones cuatrocientos setentaicinco mil millones de toneladas en tan solo un año.

¿Acaso señores, no es esto demasiada pérdida de peso en un periodo de tiempo relativamente corto?

Si multiplicamos esta cantidad por 100 años, los resultados serían asombrosos y alarmantes.

Veamos:

5.475. 000. 000 X 100 = 547,500, 000, 000. Quinientos cuarentaisiete mil billones, quinientos mil millones de toneladas en tan solo 100 años. A dicha cantidad réstenosle un 2% que sería lo máximo que se podría evaporar y que luego regresaría a la tierra, más un 18% en derivados que se usarían en otras utilidades, mientras que el otro 80% se diluye y no se recuperará jamás. A esto sumémosle los altos niveles de contaminación ambiental, las fallas sismológicas, la actividad Tsunamica, la destrucción de la capa de ozono, las constantes erupciones volcánicas, los socavones o hundimientos de grandes extensiones de terreno en diversas partes del mundo, los daños irreparables a la ecología, y lo más grave de todo, la pérdida de peso específico más la incapacidad de recepción magnética del planeta por la pérdida masiva de las reservas térmicas naturales. Resultado final: <u>desbalance armónico del planeta con el Universo.</u>

Nota: estamos partiendo de los últimos 100 años ya que es a partir de aquí que venimos explotando masivamente los recursos naturales no renovables.

Señores científicos:

Por qué ocultar estas realidades si es aquí realmente donde radican las verdaderas causas del desbalance planetario, o sea, eso que ustedes suelen llamar, cambio climático y calentamiento global.

¿Acaso no es esto suficiente para que el planeta se desestabilice y pierda su ritmo armónico y su equilibrio normal con el universo?

No disponemos de un mapa que nos indique las coordenadas interplanetarias con el cual podríamos medir y luego determinar en qué punto fijo del Universo debería estar el planeta. por lógica tenemos que deducir que el planeta no está solo en el Universo, por lo que este está sujeto a un orden existente en el conglomerado planetario en que todos los existentes guardan íntima relación entre sí y que por tanto, ninguno es auto suficiente por sí mismo, sino, que su estabilidad, vibración y vitalidad depende de un ordenamiento cósmico en el que una simple alteración en uno de los existentes (planetas) podría producir una alteración considerable en el ordenamiento universal, especialmente en la Galaxia a la que pertenecemos.

La pérdida excesiva de peso y la pérdida masiva de capacidad electromagnética es más que suficientes para que se produzcan cambios y situaciones catastróficas en el planeta tierra lo cual altera sensiblemente su ordenamiento.

Puedo afirmar con toda propiedad que si existe contaminación, debilitamiento de la capa de ozono, agujeros negros, cambio climático y calentamiento global, se debe específicamente a los efectos causados por el deterioro de los elementos señalados anteriormente, o sea, la pérdida de peso real y la pérdida de capacidad de atracción magnética que sin duda alguna son las principales causas del desbalance del planeta.

Es urgente que se busquen fuentes energéticas alternativas en sustitución de las fuentes de energías tradicionales antes de que sea tarde y así evitaremos la destrucción ecológica, la contaminación ambiental, el daño a la capa de ozono, los cambios climáticos, los supuestos agujeros negros y el calentamiento global.

El asunto es delicado, quizás más de lo que nos imaginamos. No es un secreto que el planeta está en vía de experimentar una gran catástrofe que conllevaría la extinción total de la vida sobre la fas de la tierra, y es muy probable, (**léase entre líneas**) que esto esté preocupando a otras civilizaciones del Universo cercano, ya que un colapso del planeta tierra podría afectar sensiblemente todo el sistema de energía electromagnética de la galaxia y quizás más allá de la vía latea.

(**Repito y léase bien**). Es muy posible que algunas civilizaciones nos estén monitoreando muy de cerca y que lo estén haciendo desde hace mucho tiempo ya que su nivel tecnológico le permite tener un conocimiento acabado de todo el funcionamiento del sistema solar. Probablemente ellos tengan un mapa del planeta para medir las frecuencias vibratorias del mismo lo que le permite saber con toda certeza, cuándo y dónde sucederá un acontecimiento natural de gran magnitud. No es al azar que casi siempre aparecen donde quiera que está sucediendo un acontecimiento natural importante, especialmente, en las erupciones volcánicas, como también en algunos Tsunamis. Es probable que ellos estén presentes en algunos otros acontecimientos, tales como terremotos y ciclones, pero que por el pánico colectivo que estos produce nadie está atento a lo que pasa arriba en el espacio en el momento del hecho. <u>Véase redes sociales.</u>

Apariciones de naves desconocidas en eventos naturales:

En el Tsunami de Japón luego del terremoto. En la erupción del Volcán Calbuco en Chile. En la erupción del volcán Sangeang Api. Indonesia. En el volcán Popocatépetl, México. En la erupción del volcán Arenal, Costa Rica. En la erupción del volcán Turrialba, Costa Rica. En la erupción del volcán Galera, Colombia. En la erupción del volcán Colima, México. Volcán Japonés, Japón. En el volcán Villarrica, Chile. En la erupción del volcán Sakurajima, Kagoshima Japón. Erupción del volcán de San Miguel, El Salvador. Entre otras tantas apariciones.

Esto no es simple coincidencia. En el lenguaje nuestro se llama: monitoreo, vigilancia, seguimiento, atención, precaución o ponga usted el sinónimo o calificativo que crea más adecuado. Esto no es un invento de quien les habla, ahí están las evidencias.

Según se cree, en los últimos tiempos se están dando más de 1,000 avistamientos por año de naves desconocidas, lo que significa que tenemos una presencia masiva de otras civilizaciones en los alrededores del planeta. Estamos hablando de la presencia de unas tres naves de procedencia totalmente desconocida que rondan el planeta diariamente. Esta es una realidad la cual no podemos negar ni mucho menos ignorar.

Esto no es simple ficción, son seres humanos de carne y hueso como nosotros que con algún fin nos visitan. No podemos ni debemos hacernos los tontos con el fin de ignorar esta realidad.

En el libro titulado "NI CREACION NI EVOLUCION" señalo lo siguiente, cito:

"lo más probable es, que sus visitas sean con objetivos diferentes; uno podría ser, la investigación sobre todo lo concerniente al sistema atmosférico, otro podría ser, sobre todo lo relacionado con la naturaleza y ecosistema, otro podría estar orientado al estudio de los componentes de la biología humana y animal, mientras que otro podría estar dirigido a todo lo relacionado con el conocimiento tecnológico y científico de la humanidad. También podrían estar evaluando los posibles riesgos que sufriría toda la galaxia solar en el caso de que ocurriere una catástrofe en el planeta tierra." p.78 párr.3. "Podemos estar plenamente seguros que sus visitas no son con fines de negocios ni mucho menos con fines turísticos." Párr. 2.

Tengo la absoluta convicción de que si no tomamos las medidas ecológicas necesarias en favor de la preservación del planeta, otras civilizaciones del Universo podrían intensificar su presencia en los alrededores del mismo y en su momento tomarán acciones concretas con el fin de evitar una catástrofe planetaria que pudiera tener repercusiones de consecuencias galácticas impredecibles. No olvidemos que en el pasado existieron civilizaciones más desarrolladas que la nuestra y que por circunstancias desconocidas desaparecieron.

Es probable que el Planeta tierra este girando fuera de su campo gravitacional razón por la cual están sucediendo tantas anomalías ya que la pérdida de su fuerza vital no le permite armonizar con normalidad con el Universo. Todo esto hace que se intensifique aún más la actividad de catástrofes naturales en todos los órdenes a lo largo y ancho del Planeta. De suceder una eventualidad planetaria, todo el sistema de la Vía Latea resultaría gravemente afectado y quizás otras civilizaciones del Universo cercano no van a permitir que esto suceda.

Para que tengamos una idea de las incidencias que tienen los demás planetas con el nuestro, veamos un ejemplo sencillo, los cambios lunares:

A pesar de que la ciencia no considera la Luna como un planeta como tal aunque quizás no deje de serlo, no es menos cierto que los cambios lunares afectan de manera determinante el comportamiento de toda la naturaleza del planeta tierra haciéndola vibrar y variar notablemente de acuerdo a cada fase lunar, o sea, que tales cambios nos indican que existe una estrecha conexión de un determinado planeta con los demás. Los cambios lunares influyen de manera determinante en la conducta humana de manera tal que hasta provocan cierta alteración biológica y emocional en el comportamiento de los seres humanos. Tales cambios intervienen también de manera directa en los animales y en la vegetación. Dichos cambios tienen efectos notables en algunos individuos en particular sin que muchas veces nos demos cuenta, solo basta con observar el comportamiento de aquellas personas que padecen de enfermedades mentales, su comportamiento varía en cada fase lunar, es decir, hay una alteración notable en la conducta de estos individuos. También tienen una gran repercusión en la biología femenina ya que tienden a producir ciertas alteraciones biológicas como emocionales en la mujer, especialmente, antes y durante su periodo menstrual especialmente cuando coincide con el cambio de luna nueva. Del mismo modo, dichos cambios inciden de manera determinante en la vegetación, arbustos frutales y producción agrícolas en general, por lo general no nos damos cuenta de este fenómeno ya que nos hemos aferrado a los experimentos biogenéticos dejando a un lado las leyes naturales que rigen e inciden de manera determinante en los acontecimientos cotidianos que nos rodean. Si lo dudas pregunte a un productor agrícola:

¿Cuáles son los tiempos lunares más propicios para el cultivo y cuáles los menos indicados?

Independientemente de que la Luna sea un planeta habitable o no, o una estructura Satelital, o un mega laboratorio artificial de inseminación e hibridación, o una base estratégica de otras civilizaciones en esta área del universo para desde allí vigilar a toda la Galaxia solar, no es menos cierto que es un cuerpo celeste determinante para el equilibrio electromagnético de la tierra. Lo cierto es, que su función resulta vital para la vida.

La Luna es un cuerpo regulador de las energías básicas que vienen dirigidas a la tierra, especialmente, aquellas que proceden del Sol, y, no dudo que este (el Sol) sea también una estructura artificial creada en este lugar del Universo como fuente y sostén de la vida en toda la galaxia. Estoy seguro de que este (el Sol) no es una hoguera de fuego ardiente como se ha pensado. El fuego todo lo consume, más si arde permanentemente en sí mismo. Por tanto, el Sol ya no debiera de existir. Estas estructuras o cuerpos celestes no están ahí por pura coincidencia, ni mucho menos para embellecer el firmamento, ni para servir de fuentes de inspiración a los poetas y filósofos, ni siquiera existen por casualidad. Están ahí porque tienen una función energética específica en el conglomerado planetario.

Que nunca nadie atente contra la Luna ya que quien así lo hiciere estaría poniendo en peligro inminente la vida en toda la galaxia solar y de manera particular en el planeta Tierra

¿De qué modo podrían los científicos demostrar el origen de las diversas variedades que existen dentro de las diferentes especies, ya sea animal o vegetal sin que estas no hayan pasado por un proceso altamente sofisticado de alta tecnología? Nada de eso ocurre por accidente de la Naturaleza. Alguien los hizo en algún lugar fuera del planeta tierra.

Los planetas son interdependientes entre sí sin importar la distancia y ubicación, por tanto, lo que pasa aquí o allá repercute en todo el Universo. Por ejemplo: el comportamiento (alteración) del Sol repercute directamente en toda la Galaxia. Cuando este aumenta o baja su actividad térmica de inmediato se refleja en la tierra, esto significa que el sistema planetario es interdependiente. Si el sol paralizara su actividad solo por un instante, el planeta tierra y todos los demás planetas del área se convertirían en témpanos de hielo y no quedaría ni siquiera halito de vida sobre la superficie de ninguno de los planetas de la Galaxia solar. Cada cuerpo planetario tiene su propia función en el cosmos o conjunto universal. Dada esta correlación interplanetaria, no es extraño el que otras civilizaciones permanezcan vigilantes y atentas por lo que pudiera suceder en este planeta.

Es muy probable que el planeta tierra sea un polo magnético dentro de las coordenadas del Universo cercano, colocado en un punto estratégico de la galaxia solar constituyéndose así en el equilibrio fundamental para la armonización y vitalización de esta área del Universo. No podemos negar que conocemos muy poco de las fuerzas magnéticas que rigen y armonizan el Universo y esto lo podremos comprobar en el futuro cuando nuestra tecnología esté en capacidad para hacer mediciones de los fenómenos que inciden e interactúan de manera concreta en la estabilización del sistema interplanetario. Por ahora nuestra tecnología apenas comienza. Es una tecnología naciente la cual no nos permite ni siquiera predecir con eficiencia y exactitud fenómenos tan simples como por ejemplo; cuándo y dónde se va a producir un terremoto, un huracán, un Tsunami o un socavón entre otros, aun menos, la dimensión y magnitud de tal fenómeno. No tenemos las condiciones tecnológicas necesarias para determinar, por qué se producen tales fenómenos. Desconocemos las fuerzas magnéticas que intervienen en dichos acontecimientos, y aun más, ignoramos algo tan simple como son: las fuerzas que interactúan impidiendo toda penetración en el triángulo de Las bermudas.

Hoy se están invirtiendo billones de dólares en exploraciones espaciales mientras que las organizaciones de voluntariado ecologistas y de medioambiente se ven en la necesidad de mendigar pírricas donaciones para poder llevar a cabo proyectos mínimos de protección a la ecología y al medioambiente, y yo pregunto:

¿Para qué sirve conocer el Universo profundo si primero no salvamos ni lo más elemental de nuestro planeta?

¿Qué repuestas lógicas le estamos buscando al problema de las fallas de los glaciares Canadienses que se espera que en los próximos 100 años hayan colapsado en más de un 90%? www.rtve.es.>...Ciencia

Resulta extraño que regiones completas del planeta están experimentando escasez masiva de agua potable ya que las mayorías de los Ríos han perdido más del 50% de su caudal convirtiéndose en pequeños arroyuelos. Todo esto pasa desapercibido puesto que no existe un organismo que se encargue de hacer un levantamiento de la situación ecológica a nivel de todo el planeta y luego diseñar y plantear soluciones concretas al problema planetario. Por lo general, tanto los políticos, los científicos como los grandes emporios económicos del mundo se la pasan distraídos en el espacio exterior investigando las causas del origen del Universo, la posible existencia de vida en Marte y otros planetas y definiendo el origen de los agujeros de gusano y los agujeros negros, y lo peor, haciendo abstracción sobre la existencia de una estrella gigante llamada súper nova que hizo explosión (no sé cuándo) convirtiéndose en un súper monstruo devorador del universo, atreviéndose a predecir que en menos de 100 años dicha estrella destruirá al planeta tierra. (Paradoja de la vida) que una simple estrella sea capaz de tragarse todo el Universo.

Si se sabe tanto sobre los acontecimientos que están sucediendo en el Universo profundo ¿Por qué desconocemos las verdaderas causas de los acontecimientos que de manera imprevista acontecen en nuestro planeta?

¿Por qué no hemos podido determinar las causas reales del cambio climático y el calentamiento global?

Es probable que los científicos se estén distrayendo más en asuntos espaciales porque creen que ya aquí no hay nada más que se pueda hacer. Quizás sea esta la razón por la que estén buscando otras posibilidades en el espacio interestelar ya que no contamos con las herramientas tecnológicas necesarias para determinar las causas por la cual el planeta está cambiando repentinamente. Sin dudas que esto podría estar creando cierta ansiedad en algunos círculos científicos. Creo que tienen razón porque lamentablemente carecemos de una estructura satelital lo suficientemente capaz como para medir la correlación magnética interplanetaria y la interacción de las frecuencias vibratoria que interactúan de manera directa en todo el sistema de la vía latea.

Debemos de detenernos a pensar solo un minuto, qué tipo de planeta estamos construyendo para el futuro, si es que el mismo sobrevive a la devastación, depredación y descalabro voraz a la que está siendo sometido de manera indiscriminada. Recordemos que el planeta es un globo que flota en el espacio y que para mantener su equilibrio con el Universo es necesario y fundamental que mantenga el peso que se ha ido creando paulatinamente por tiempo indefinido.

Por qué los científicos en vez de estar haciendo predicciones de posibles catástrofes futuras, no se ponen a buscar soluciones inmediatas y luego presionar a los gobiernos para que estos implementen políticas serias y eficaces en sus respectivas jurisdicciones para así evitar que sucedan catástrofes impredecibles.

A algunos nos fascinan las predicciones de terror, las premoniciones catastróficas, los anuncios sensacionalistas sobre acontecimientos desconocidos, es decir, las famosas profecías o adivinaciones sobre el final de los tiempos, eso realmente es excitante e impresionante. Eso resulta fascinante. Es más fácil predecir que asumir compromisos serios y responsables. ¿O me equivoco?

A nadie, absolutamente a nadie se le ha dado el poder para predecir el futuro, lo que si se nos ha dado es, la gracia de construir un planeta habitable tanto para el presente como para las generaciones futuras, esa debiera de ser la gran profecía a la que todos debiéramos aspirar.

Ninguno de esos profetas insensatos tonto del pasado como del presente se ha atrevido a profetizar sobre las soluciones concretas que hay que darle a los problemas que afectan o podrían afectar la estabilidad del planeta en los días venideros, ellos solo se quedan en meros anuncios fantásticos, fatalistas y aterrorizantes para de ese modo manipular a su favor la ignorancia colectiva.

¿Por qué será que todos los profetas sin excepción, en sus visiones solo han visto destrucción y catástrofes y ninguno ha sido capaz de profetizar sobre los avances que ha tenido y ha de tener la humanidad en el futuro?

El planeta no va a colapsar y estoy totalmente seguro de eso. Si nosotros no somos capaces de salvarlo otros vendrán de más allá y lo harán por nosotros aunque tengan que aniquilar todo halito de vida que habite sobre la fas de la tierra, de la misma manera que pudo haber pasado en épocas remotas con civilizaciones más avanzadas que la nuestra. Ahí están las evidencias dispersas en todo el planeta, ciudades y monumentos sepultados bajo tierra, bajo los océanos, bajo los desiertos y bajo las montañas que ni los mismos científicos le encuentran explicación. Indiscutiblemente, la vida desapareció antes que existiera el tipo de humano que conocemos hoy, ya fuera por una catástrofe global de la naturaleza (colisión de meteorito) o por alguna intervención directa de otras civilizaciones del Universo cuyo objetivo no era más, que preservar el planeta para evitar que se convirtiera en un fósil espacial.

El planeta pierde balance aceleradamente y las principales causas podrían ser: la pérdida masiva de peso y la pérdida excesiva de capacidad térmica; factores básicos para que el planeta se mantenga armonizado con las coordenadas que lo hacen interactuar con el Universo. El planeta es un globo que flota en el espacio y para mantener su equilibrio normal necesita un peso específico el cual se va auto construyendo de acuerdo a las leyes que lo regulan y lo armonizan con todo el Universo. Eso por una parte, mientras que por otro lado, sabemos que los recursos naturales que yacen en las entrañas de la tierra desempeñan una función básica en la termodinámica del planeta. Tales recursos representan un peso y al mismo tiempo una fuerza electromagnética que regula toda la fuerza de gravedad térmica que requiere el planeta, pero 80% de estos elementos son incinerados convirtiéndose prácticamente en nada. Dichos carburantes desempeñan una función electromagnética básica para el planeta que le permite atraer del Universo las energías magnéticas necesarias las cuales actúan como agentes reguladores de la termodinámica que debe conservar el planeta. En la medida en que dichas energías son reducidas, en esas mismas medidas el planeta pierde vitalidad. Es muy posible que con la desestabilización del planeta estemos precipitando una inminente intervención de otras civilizaciones procedentes del Universo cercano.

Es evidente que en las últimas décadas el planeta ha sido desprovisto de su capacidad de recepción magnética, de tal modo, que ha perdido significativamente su balance y estabilidad armónica con el Universo trayendo como consecuencia el desequilibrio climatológico. No existe en el planeta ningún componente que este demás, todos y cada uno tiene una función específica: el agua, el oxígeno, los carburantes entre otros y actúan como estabilizadores naturales. Explotarlos de manera indiscriminada es llevar al planeta a una catástrofe irreversible. Tal acción, sea consciente o inconsciente es un grave crimen contra la biodiversidad futura del planeta, contra la humanidad y contra el Universo.

Cada cosa en su lugar y en su lugar cada cosa. Ejemplo: el Oxigeno con todas sus propiedades es la fuente vitalizadora de todo cuanto existe en el planeta y su entorno. El agua con todos sus componentes orgánicos es esencial para todo tipo de vida tanto en la superficie como en lo más profundo de los Océanos. Las aguas circulan en tres niveles diferentes: en la profundidad de la tierra, en la superficie y en la atmosfera, mientras que los carburantes permanecen en la profundidad del planeta creando el equilibrio electromagnético que necesita el planeta para armonizarse con todo el Universo. Estos tres elementos: Oxigeno, Agua y Carburantes están estrechamente enlazados entre sí como una y única unidad constituyéndose en las fuentes energéticas que vitalizan al planeta. Cuando uno de estos elementos se debilita automáticamente falla todo el conjunto, pues sin ellos el planeta perdería su armonía con el Universo. Estos tres elementos son esenciales para la vida y ninguno de ellos actúa sin la presencia de los demás aunque parezcan estar separados. Destruir uno de estos componentes es desestabilizar totalmente al planeta.

La destrucción masiva de los recursos naturales no renovables nos está llevando a un descalabro ecológico sin precedente cuyos resultados se manifiestan en el debilitamiento atmosférico y la desaparición de una gran parte de los caudales acuíferos en todo el mundo. No es un secreto para nadie el que ya se está experimentando escasez de agua y de alimentos en diversas regiones del planeta fruto de los severos e inesperados cambios climáticos producidos en los últimos años los cuales han afectado profundamente toda la estructura planetaria.

Razón fundamental: <u>destrucción masiva de los componentes básicos que proporcionan el balance y el equilibrio energético y electromagnético del planeta.</u>

El planeta está languideciendo velozmente, pero el gran problema es, que todo este desequilibrio se lo estamos atribuyendo a la contaminación, al debilitamiento de la capa de ozono, a los agujeros negros y al calentamiento global, y pueda que esto sea verdad, pero no es toda la verdad, **la Verdad de las verdades es; la excesiva pérdida de peso y la pérdida masiva de capacidad de recepción magnética que pierde diariamente el planeta y es precisamente esa la causa de la variación errática climatológica y el llamado calentamiento global.**

La fragilidad del planeta es tan profunda que algunos científicos suponen que el terremoto de NEPAL de abril del 2015 tuvo efectos de tal magnitud que afectó significativamente la superficie del planeta. Se creen según ellos que con dicho terremoto el monte Everest sufrió desequilibrios significativos. https://es.m.wikipedia.org>wiki>Ter...

La noticia no es para quedarse dormido ni en los meros análisis de los hechos. Se demanda de acciones contundentes que determinen las causas que están provocando estos eventos y al mismo tiempo se den soluciones concretas.

No es justo que el planeta este pasando por situaciones de desequilibrio climatológico habiendo otras alternativas energéticas que se pueden eficientizar y así evitar la depredación masiva de este por personas desaprensivas, indolentes, insensatas, inescrupulosas, avariciosas, codiciosas y hedonistas que salvajemente ponen en peligro la estabilidad armónica y la integridad del planeta. Tengamos bien presente, que el planeta además de ser un bien común, es patrimonio absoluto del Universo.

Yo me pregunto: con qué derecho se destruye al planeta en favor de unos pocos siendo este un bien común que corresponde transitoriamente a todos los seres que habitamos en él, y que frente a tal situación no aparece ni gobiernos, ni Institución, ni leyes, capaces de asumir con responsabilidad la defensa del planeta cueste lo que cueste. Existen formas de como producir masivamente las energías necesarias sin que haya que destruir las principales fuentes energéticas y magnéticas del planeta. Por supuesto que las hay, pero parece que existen individuos e Instituciones que no le conviene que se exploren nuevas energías porque a ellos solo les importa el aquí y el ahora sin importa que el planeta se convierta en el futuro en un fósil espacial. Esta es la casa de todos y aquí deberán habitar también las infinitas generaciones venideras. El planeta no fue, ni es, ni será jamás propiedad de nadie; fue, es y será patrimonio absoluto del Universo. No somos más que habitantes transitorios de este mundo.

El planeta es nuestra nacionalidad Universal, no importa en qué lugar hayamos nacido. Nos asiste el derecho natural y el deber moral los cuales nos comprometen a velar por la integridad del mismo, es decir; cuidarlo, defenderlo, protegerlo y respetarlo ya que este es nuestro planeta no otro. Ni rey, ni príncipe, ni Monarca, ni Ministro, ni Presidente, ni siquiera faraón o Emperador alguno que surgiere de nuevo, podría arrebatarnos tales derechos, porque nadie, absolutamente nadie es más dueño que nadie del planeta. Somos ciudadanos del mundo sea cual sea la circunstancia. Las fronteras que nos separan como especie no son más que límites geopolíticos circunstanciales, pero que jamás podrán estar por encima de los más sublimes intereses del supremo bien común que es el planeta, el cual no tiene ni tendrá jamás en sí mismo límites fronterizos algunos.

Es urgente que se busquen alternativas energéticas que contribuyan con la preservación del planeta. energías limpias de consumo masivo, libre de agentes contaminantes. Energías que no dañen el medioambiente, que no pongan en peligro la capa de ozono y que no produzcan agujeros negros. Esto requiere de la reinversión de las energías vigentes y la implementación de sistemas tecnológicos que respondan con eficiencia a las exigencias que demandan los nuevos tiempos. Hay que preservar la armonía y estabilidad del planeta por encima de todo. El planeta existirá sobre todas las cosas, lo que podría estar en eminente peligro es nuestra civilización como especie ya que en un futuro no muy lejano, nuestra civilización podría ser totalmente aniquila, del mismo modo que pudo haber pasado con civilizaciones antiguas, específicamente aquellas que dejaron como muestra un gran legado de construcciones monumentales las cuales se han constituido en incógnitas para las generaciones modernas. Monumentos que no fueron construidos por el hombre del Cromañón o por el hombre de la Era de Piedra ni por Adán y sus descendientes, sino, que fueron construidas por civilizaciones con una capacidad y una tecnología superior a la nuestra.

Parece que alguien fuera de este mundo le preocupa la estabilidad del planeta. Con esto no me estoy adelantando, sino más bien, haciendo un simple ejercicio de interpretación sobre la actividad de naves desconocidas que permanentemente están entrando en los alrededores del planeta. Salvar el planeta es lo primero ya que esta es la morada de todos, es también la morada de las generaciones futuras que deberán heredar un planeta habitable.

Con relación al fenómeno contaminación es necesario destacar lo siguiente: es probable que los efectos producidos por la alta proliferación de contaminantes se esparza por toda la atmosfera haciendo que esto resulte más grave de lo que nos imaginamos ya que tales contaminantes se constituyen en un manto o cortina atmosférica lo cual podría impedir que las energías magnéticas que recibe el planeta proveniente de diferentes puntos del Universo no puedan penetrar y fluir libremente en la estructura planetaria.

El planeta es un polo magnético que se nutre y complementa de las energías que le vienen del exterior: las asimilas, las procesa y las emite de nuevo al universo cargadas de magnetismo a través de las hondas magnéticas, si dichas hondas se debilitan al entrar a la atmosfera por cualquier obstáculo, del mismo modo esas energías van a ser emitidas al Universo. Es muy probable que esta sea una de las causas principales por lo que se estén produciendo esos extraños e inusuales cambios climáticos a lo largo y ancho de todo el planeta. No es momento para concentrar tantos esfuerzos en la búsqueda de agujeros negros solo con el fin de demostrar lo indemostrable, o con la intención de centrar un debate sobre el supuesto origen del Universo con el objetivo de reafirmar la teoría del BIG BANG, que por cierto es una teoría fallida ya que esta no es más que otra falacia para distraer la ignorancia colectiva. Qué penas que estemos distraídos y preocupados por el más allá, mientras nos despreocupamos de la realidad que afecta profundamente el más acá y ni siquiera buscamos soluciones a los peligros inminentes que amenazan la integridad del planeta.

No entiendo por qué se pierde tanto tiempo y se invierten cuantiosos recursos en exploraciones espaciales extemporáneas solo con el fin de demostrar si otros planetas tiemblan al igual que el nuestro, o en demostrar los posibles movimientos de la supuesta placa tectónica la cual es una teoría sin lógica. Y lo peor; justificar que el Universo surgió de una supuesta explosión, o si la explosión de una estrella produce un agujero negro, o que la explosión de la estrella supernova se está tragando al Universo, o la falsa predicción de que en el sol podría ocurrir una gran explosión la cual provocaría varios días de oscuridad en la tierra. Creo que debemos preocuparnos e ir a cosas más concretas y de mayor interés para el planeta y la humanidad y dejar de lado las apologías de predicciones fatalistas.

Yo me pregunto; si aún no tenemos la suficiente capacidad tecnológica que nos permita explorar la Antártida y determinar la impenetrabilidad del triángulo de Las Bermudas, ni conocer siquiera las profundidades de nuestros Océanos ¿Cuál es el interés de andar navegando en el espacio profundo tratando de encontrar lo extraordinario si ni siquiera conocemos una cuarta parte de nuestro planeta? Si contamos con tecnologías tan avanzadas que nos permiten explorar otros mundos desconocidos, por qué no las utilizamos para explorar aquellos lugares incognitos de nuestro planeta? Si no podemos predecir terremotos y tsunamis entre otros eventos que suceden con frecuencia en nuestro planeta ¿Cómo es posible que tengamos la capacidad para determinar eventos que sucederán en el universo profundo en tiempo futuro?

Debemos centrar toda nuestra atención en la salud del Planeta comenzando por la ecología, biodiversidad y medioambiente. Reitero, no es posible que toda la contaminación esparcida por el mundo haya perforado la capa de ozono produciendo así el llamado calentamiento global. No es posible que esto suceda. Lo más lógico es, que un manto o cortina de contención causado por la contaminación haya debilitado la atmosfera contribuyendo así a que el flujo de las energías magnéticas provenientes del Universo no puedan entrar con normalidad en el espacio terrestre. Es posible que la alteración de la atmosfera sea una de las causas principales del cambio climático ya que al degenerarse, el planeta pierde capacidad para asimilar e intercambiar dichas energías con el Universo. Sin duda alguna, el planeta está pasando por una crítica degeneración en todos los niveles reflejando condiciones frágiles en su estructura orgánica ya que no cuenta con la suficiente capacidad para recibir y al mismo tiempo generar las energías suficientes que le demanda el Universo para su estabilidad como cuerpo interdependiente. esto podría ser un signo manifiesto de que en cualquier momento podrían producirse eventos inesperados de consecuencias impredecibles.

Veamos un sencillo ejemplo:

Tomemos una estructura biológica cualquiera. Canalicémosla con una aguja o jeringuilla, luego dejémosla sangrar una a dos gotas por minuto, al cabo de 24 horas tendremos una estructura biológica totalmente deshidratada y notaremos que dicha estructura va a mostrar un aspecto totalmente diferente en todos los órdenes. Es muy probable que tal individuo no tenga la suficiente energía y equilibrio para sostenerse por sí mismo a pesar de los alimentos y vitaminas que pudo haber tomado antes y durante el procedimiento. Sin duda alguna que en la sangre derramada perdió prácticamente toda su vitalidad por lo que estará expuesto a contraer cualquier tipo de virus ya que sus mecanismos de defensas son sumamente bajas. Ahora bien, si vamos a hidratar nuevamente esta estructura habrá que someterla a un tratamiento de intensivo, pero aun así se tomará tres o cuatro veces más tiempo que lo que tardó para la deshidratación. El planeta está pasando por un proceso similar, por lo que se requiere de un tratamiento urgente e intensivo, no se trata de dos o tres programitas aislados implementados por algunas ONGs. Se trata de un paciente que empieza a colapsar y que demanda cuidado intensivo urgente ya que de lo contrario podría perecer en cualquier momento.

Hace aproximadamente unos 500 años, el astrónomo GALILEO GALILEI hizo un extraordinario descubrimiento; "demostró que el planeta tierra giraba alrededor del Sol" pero no se le creyó (quizás fue por conveniencia o por ignorancia), sin embargo tenía toda la razón. Tal descubrimiento le costó la vida y a la humanidad le costó más de 400 años de atraso e ignorancia colectiva. Es bien sabido que después de esto se desencadenó una persecución feroz en contra del conocimiento científico cuyo resultado no fue más que el estancamiento del desarrollo científico de la humanidad. Siempre aparecen personas, que en complicidad con la ignorancia se valen de cualquier medio para justificar sus macabras perversidades en aras de sus intereses.

Estoy seguro que si eso no hubiese pasado en aquel entonces, no hubiese sido necesario el que hoy tengamos que afirmar: **que la tierra es un polo magnético en interrelación armónica con todo el Universo.** Esto debió saberse hace mucho tiempo y de seguro que el planeta estuviera más protegido en todo los órdenes. Se demanda de una atención especial, en todo lo relacionado con la ecología, medioambiente y biodiversidad, de esto depende la estabilidad del planeta y su balance armónico con el universo.

Son varias las organizaciones filantrópicas que se han creado con el fin de trabajar de manera desinteresada en favor de la ecología, el medioambiente y la biodiversidad, pero por lo que parece, ha hecho falta un organismo de apoyo en el cual estas organizaciones puedan encontrar un soporte para poder hacer realidad sus aspiraciones. Para que tales iniciativas se hagan realidad se requiere de un organismo con personería jurídica. Un organismo que le sirva de soporte a las acciones que estas organizaciones realizar a favor del planeta. Un organismo con una estructura jurídica legal competente que garantice que todos y cada uno de los programas de determinadas organizaciones en cualquier punto del planeta se ejecuten con eficiencia y prontitud. Tenemos un planeta que velozmente se deteriora, precisamente por la destrucción de sus elementos vitales como son; la deforestación masiva, la proliferación de productos contaminantes, explotación de los recursos naturales no renovables, deterioro de la capa de ozono por contaminación atmosférica entre otros.

Son muchas las organizaciones que tienen las mejores intenciones, pero hay quienes no le interesan para nada las buenas intenciones de estas, solo les importa sus intereses pecuniarios aunque muchas veces se presentan como benefactores de dichas Instituciones al tiempo que se constituyen en el principal obstáculo para que no se puedan llevan a cabo eficientemente tales acciones. Estos individuos o grupos suelen usar todo tipo de influencias y mecanismo de poder, y cuidado que muchos son hasta donantes y patrocinadores de programas ambientalistas para de ese modo ocultar sus ambiciones depredadoras. Algunos hasta crean sus propias fundaciones con fines benéficos mientras que por detrás se lucran de los recursos naturales.

La pregunta es; ¿Por qué si existen diversas organizaciones ecológicas y ambientalistas en todo el planeta, e inclusive, hasta de orden gubernamental y que tales organizaciones realizan ingentes esfuerzos por el bienestar del planeta, porque cada día el planeta se ve aún más deteriorado en toda su estructura?

¿No será que hace falta un órgano con capacidad legal que regule todas las acciones que vallan dirigidas al fortalecimiento del planeta?

En las últimas décadas se puede observar por doquier; **más deforestación, más proliferación de químicos, más consumo de carburantes, más producción de elementos tóxicos, atómicos y nucleares, más proliferación de aerosoles, mas basuras marítimas, más fertilizantes e insecticidas entre otros.** Significa que no existe voluntad política definida que ayude y apoye los distintos esfuerzos que hacen un sin número de organizaciones sin fines de lucro dispersas por todo el mundo, que con espíritu filantrópico trabajan de manera encomiable e incasablemente con el fin de realizar proyectos en favor del ecosistema. Organizaciones que ni siquiera cuentan con recursos económico y moral de parte de las autoridades competente para llevar a cabo su labor filantrópica. Lamentablemente, eso no está incluido en las agendas de prioridades de los políticos aunque debería ser una prioridad esencial en toda plataforma de gobierno de las diferentes naciones. Es más, debería ser una prerrogativa constitucional. Pero vamos a pensar que el problema es que muchos no están lo suficientemente informados sobre la importancia de esto, o que simplemente no tienen tiempo para dedicarse a estos asuntos ya que en los 4 o 6 años de gobierno tienen que ocuparse de cosas más importantes. o podría ser que muchos ni siquiera sepan de qué se trata. Es muy raro que un líder político hable de temas ecológicos y de medioambiente, quizás sea porque esto no genera recursos económicos para engrosar el presupuesto fiscal. Los políticos siempre rehúyen de estos temas; primero, porque esto supone inversión de recursos y segundo, porque su quehaceres políticos no le permiten dedicar tiempo a estos temas. No es simple ironía, es la verdad.

Hay que fortalecer y apoyar las acciones que realizan distintas instituciones ecologistas y medioambientalistas en todo el mundo, aunque eso no es suficiente. Urgente una políticas combinada que tienda a mejorar la salud del planeta por encima de todo. **El planeta primero.**

Es urgente la creación de un organismo de orden jurisdiccional universal que proteja al planeta, de lo contrario, las consecuencias futuras podrían ser funestas.

Todas las instituciones ecologistas y ambientalistas tienen muy voluntad y deseo de colaborar desinteresadamente con el bienestar del planeta, pero eso no basta, la situación del planeta requiere de una entidad que disponga de capacidad jurídica e independencia política, económica y religiosa que le permita llevar a cabo acciones contundentes en favor del planeta. **Una entidad con jurisdicción universal que establezca una legislación ecológica para todo el planeta ya que este es jurisdicción de todos por igual. El planeta no tiene límites fronterizos, no tiene un sistema político ni un sistema religioso establecido. El planeta ni es político ni religioso, es simplemente la morada geográfica de todos los seres vivientes sin distinción de razas, especie, credo, cultura, sistema político o económico.**

2) MOTIVACIONES LÓGICAS

+ **Primero:** El Planeta está al borde de enfrentar situaciones que podrían escapar a nuestras posibilidades, por lo que se demanda de la implementación de acciones concretas, urgentes y contundentes por encima de todas fronteras ideológicas, religiosas, geográficas, políticas y económicas.

+ **Segundo:** Es urgente la búsqueda de soluciones precisas ya que se prevé que en los próximos 100 años se habrán derretido el 90% de los grandes glaciares Canadienses. No es tiempo para mucho protocolo diplomático. Es tiempo para implementar programas ecológicos eficientes que desintoxiquen al planeta cuesten lo que cuesten, programas que respondan de manera inmediata a solucionar los grandes problemas que afectan profundamente la ecología, el medioambiente y la biodiversidad.

+ **Tercer:** Qué no es justo ni se justifica la acumulación de fortunas y poder de algunos grupos económicos en base a la destrucción indiscriminada de los recursos naturales del planeta, y que para tales fines se crean leyes que otorgan derecho de propiedad privada y derecho a la explotación y apropiación de recursos naturales sin los mínimos parámetros de regulación ecológica y ambiental, y lo peor, leyes que blindan a los Estados permitiéndole manejar los recursos naturales bajo su libre albedrio sin que a nadie le importe la consecuencia y sin que ninguna entidad externa pueda intervenir en lo absoluto ya que a eso se le considera injerencia.

+ **Cuarto:** Que no se disponga de tantos recursos y tanta atención en la búsqueda de otros mundos fuera de la Galaxia solar en vez de poner mayor atención y cuidado en nuestro planeta. La búsqueda de otros mundos podría ser importante, pero esos posibles mundos no nos servirán de refugio en el caso de una eventualidad catastrófica.

+ **Quinto:** Es responsabilidad absoluta de los gobiernos y de la comunidad científica, buscar alternativas energéticas que sustituyan el consumo masivo de las energías naturales no renovables, ya que el uso indiscriminado de estas energías esta causando grandes repercusiones en la desestabilización del planeta lo que podría conducir a un caos planetario de consecuencias impredecibles.

+ **Sexto:** Estoy totalmente seguro que otras civilizaciones del Universo no están interesadas en invadir al planeta tierra por ningún motivo en particular, pero es probable que si ven que la situación del planeta continua agravándose, entonces sí que podrían intervenir en cualquier momento ya que una situación catastrófica del planeta podría afectar sensiblemente a algunos de sus mundos. O sea, a una parte importante del Universo.

+ **Séptimo:** La contaminación aumenta cada día más y no es un secreto para nadie los efectos masivos que esto causa al planeta en todos los niveles, pero nos hacemos de la vista gorda porque es probable que a determinados grupos no les importe para nada el futuro del planeta, solo les interesa la acumulación desproporcionada de riquezas. Tampoco le conviene la implementación de otras fuentes energéticas que sustituyan las energías tradicionales.

Tenemos que admitir que existen tres factores básicos los cuales podrían ser determinantes y que quiérase o no influyen en el desbalance del Planeta:

1ro: la pérdida masiva de peso específico el cual le resulta vital para mantener equilibrio y armonía con el Universo.

2do: la producción masiva y proliferación de contaminación la cual afecta sensiblemente la ecología, al medioambiente, a la atmosfera y por supuesto a la capa de ozono.

3ro: la incapacidad energética con que va quedando el planeta para recepcionar y al mismo tiempo emitir las suficientes energías magnéticas elementos básicos para su auto vitalización.

Sin duda alguna, todo esto trae como consecuencia: la pérdida masiva del equilibrio climatológico y el desbalance armónico del planeta con el Universo.

Por lo que propongo la creación urgente e inmediata: **del Estado Ecológico, Biodiversidad y Medioambiente.**

ACAPITE 2do.

ESTADO ECOLOGICO, BIODEVERSIDAD Y MEDIOAMBIENTE

OBJETIVO GENERAL: proteger, cuidar y preservar la integridad ecológica y medioambiental del planeta en todas sus dimensiones.

EL EECOBIOM SERA:

1) **Un Estado** que elabore y aplique programas y políticas eficientes en la búsqueda de soluciones concretas al deterioro y desbalance manifiesto del planeta.

2) **Un Estado** que tenga a su disposición los recursos humanos, económicos, científicos y tecnológicos necesarios que le permitan enfrentar con eficiencia, seriedad y responsabilidad la crisis ecológica por la que atraviesa el planeta en estos momentos.

3) **Un Estado** que garantice la estabilidad, conservación, protección, equilibrio y armonía ecositemológica del planeta.

4) **Un Estado** capaz de buscar alternativas energéticas limpias y eficientes que contribuyan a la protección de la capa de ozono y la limpieza del entorno atmosférico que cubre al planeta.

5) **Un Estado** con voluntad y vocación filocosmológica y filantrópica que vele por la salud del sistema vitalizador del planeta y del Universo que le rodea.

6) **Un Estado** en donde los diferentes grupos y asociaciones ambientalistas, ecologistas y las asociaciones protectoras de animales y afines encuentren el espacio idóneo para ejercer su vocación de servicio en favor de la naturaleza y la biodiversidad.

7) **Un Estado** que convoque a la humanidad a la unidad con el propósito supremo de salvaguardar al planeta de un eventual y devastador cataclismo que pudiera poner fin a todas formas vida sobre la fas de la tierra.

CONSIDERANDO

➢ **1ro.- Considerando:** que es de suma prioridad la protección y conservación de los recursos naturales a nivel mundial ya que estos son la fuente energética primordial para la vitalidad, estabilidad e integridad del planeta y la preservación de la vida general.

➢ **2do.- Considerando:** que en los últimos 100 años el planeta ha sido masiva e intensamente saturado de una alta contaminación en diferentes órdenes con lo cual se ha afectado de manera sensible todo el sistema ecológico, la biodiversidad y el medioambiente lo cual ha dejado como resultado el desbalance manifiesto del planeta expresado en el desequilibrio climatológico.

➢ **3ro.- Considerando:** que las políticas ecológicas de los diferentes Estados del mundo no han podido resolver los grandes problemas que afectan la ecología mundial ya que en el fondo están limitados por ciertos intereses mediáticos que no le permiten la aplicación correcta, independiente y permanente de políticas que contribuyan al saneamiento de la ecología, ya que cualquier programa en este sentido se relega a una 3ra. O 4ta. Categoría en la escala de prioridades de la mayoría de los Estados del mundo.

➢ **4to.-Considerando:** que la ecología, y demás recursos naturales, especialmente el medioambiente y la biodiversidad son la esencia vital para la estabilidad y sobrevivencia del planeta y que están siendo sacrificados irracionalmente en nombre del desarrollo.

➢ **5to.- Considerando:** que el planeta es un cuerpo que flota libremente en el espacio y que durante trillones de años se ha venido autoconstruyendo un peso específico en total armonía con las coordenadas del Universo y que en un periodo de tiempo de menos de 100 años ha perdido billones de toneladas de su peso real.

➢ **6to.-Considerando:** que por la ausencia de un organismo jurídico competente e independiente que enfrente con responsabilidad la defensa del planeta, grupos de humanos han atentado contra la integridad del mismo de manera irresponsable poniendo en juego la estabilidad armónica de este con el Universo, lo que constituye un peligro inminente que tarde o temprano podría poner fin a nuestra existencia.

➢ **7mo.-Considerando:** que el desbalance del planeta es responsabilidad de todos, y todos tenemos los mismos deberes y los mismos derechos para buscar soluciones inmediatas, adecuadas y favorables que contribuyan con su estabilidad y armonía sin importar las consecuencias que pudieran surgir de parte de aquellos que solo les interesa hacer riquezas como si el planeta fuese patrimonio suyo.

➢ **8vo.- Considerando:** que el planeta es nuestra única casa por lo que todos y cada uno y por encima de quien sea, estamos en el justo derecho y en la plena obligación de defender, proteger y preservar ya que este es solo patrimonio del Universo, no propiedad particular de nadie.

➢ **9.-Considerando:** Que la biodiversidad en el planeta tierra hay que preservarla cueste lo que cueste y por encima de quien sea. Somos 7,500 millones de seres humanos a los cuales nos asiste por igual los mismos deberes y los mismos derechos, porque precisamente, es aquí en este lugar del Universo donde nos ha tocado nacer, crecer, vivir y luego morir. Este es nuestro mundo al igual que de todos los vivientes que en el habitan.

Ninguna legislación de ninguna nación del mundo debiera tener facultad para otorgar poder a nadie en particular bajo ningún concepto ni bajo ningún precepto para la apropiación, explotación y disfrute particular de un bien que es patrimonio absoluto del Universo despojando así a la gran mayoría de la humanidad de los sagrados derechos que le asisten como ciudadano de este mundo.

Se deberá legislar para otorgar poder y jurisdicción a todo ciudadano para velar, cuidar, defender y proteger al Planeta, que por cierto es un bien: único, absoluto y supremo, un bien que es de todos no de nadie en particular ya que este va pasando de generación en generación.

Somos una generación en tránsito, por tanto, no debemos llevarnos el planeta con nosotros, otras generaciones lo necesitan para continuar viviendo. Protejámoslo ahora o atengámonos a las consecuencias futuras.

DEL ESTADO ECOLÓGICO, BIODIVERSIDAD Y MEDIOAMBIENTE

❖ Siglas: "EECOBIOM"

❖ Lema: "EL PLANETA PRIMERO"

❖ Logo: **una réplica del planeta en medio de la galaxia.**

❖ Emblema: **Un lienzo en cuatro colores; blanco, verde, azul y rojo, en el centro el logo.**

El blanco que significa **paz y unidad.**

El verde que simboliza **el color del planeta.**

El azul que simboliza **la armonía universal.**

El rojo que simboliza **el amor a la humanidad, al planeta y al cosmos.**

FILOSOFÍA

"EL EECOBIOM" ha de ser siempre un organismo de preservación y protección del planeta. Se caracterizará por su independencia absoluta y el respeto irrestricto a los demás Estados sin importar; cultura, costumbre, sistema político, económico, jurídico o religioso. Consciente de que estos elementos rigen, constituyen y definen la idiosincrasia e identidad de cada pueblo o nación. Sus funciones estarán circunscritas única y exclusivamente al cuidado, protección y preservación de todo aquello que de algún modo esté vinculado al mundo Ecológico, medioambiente y biodiversidad.

Tendrá como misión específica: la vigilancia y protección del planeta sin límites ni fronteras territoriales con el fin de salvaguardar la integridad ecológica para evitar futuras catástrofes que pudieran poner en peligro su estabilidad armónica con el Universo.

Sanear y preservar el ecosistema para asegurar el equilibrio del planeta con las coordenadas interplanetarias que rigen el universo.

Trabajar en estrecha coordinación con los diferentes Estados, con las distintas Instituciones Ecológicas y medioambientalistas y con las distintas agencias de investigación científicas del mundo a fin de implementar programas eficientes que tiendan a mejorar en el menor tiempo posible la estabilidad que demanda el planeta.

DEFINICION:

SE TRATA DE UN ORGANISMO GUBERNAMENTAL DE CARACTER UNIVERSAL LEGALMENTE CONSTITUIDO, REVESTIDO DE DERECHOS PLENIPOPOTENCIARIOS PARA EJERCER LIBRE E INDEPENDIENTE SUS FUNCIONES COMO ORGANISMO AUTONOMO SUSTENTADO EN EL OBJETIVO PARA EL CUAL HA SIDO CREDO.

DE LOS INGRESOS FINANCIEROS

Los ingresos financieros básicos que sustentaran los programas y actividades del nuevo Estado Ecológico, deberán provenir de los diferentes Estados del mundo a través de una partida o cuota mínima de su presupuesto anual que no deberá ser menor del 0.5%.

El Estado Ecológico no está diseñado para ser un Estado recaudador de impuestos, sino una Institución de servicios colectivo, por tanto, todo el mundo deberá pagar esos servicios que tendrán como único fin; la protección y preservación del planeta para la conservación y permanencia de la vida.

Los recursos económicos existen, están ahí:

Miles de millones de dólares se invierten anualmente en asuntos que no revisten tanta importancia para la colectividad universal. Cientos de miles de millones de dólares se filtran a discreción por vías improductivas quedando impune en manos de unos cuantos. Cientos de miles de millones de dólares permanecen estacionarios en cuentas secretas y privadas en diferentes Bancos del mundo mientras que el planeta que ha sido la fuente de esos bienes solo le queda, ir muriendo lentamente y fosilizándose en medio del universo y al final, de qué y para qué sirvió la acumulación de todas las riquezas si en cualquier momento todo podría terminar en cuestión de horas.

No hay derecho ni razón alguna que justifique la no inversión de un capital mínimo en favor de la protección e integridad del planeta. No es justo que por negligencia, avaricia e ignorancia de unos cuantos, o que simplemente, porque los Estados no aportar los recursos mínimos se descuide la principal de las prioridades, que es, no solo la salud del planeta, sino, la preservación de la humanidad y todas las demás especies que cohabitan esta parte del Universo. Si el planeta colapsa se extinguirá la vida de la faz de la tierra por millones de años.

ESTRUCTURA ORGANIGRÁMICA DEL ESTADO ECOLÓGICO

1- PRESIDENTE.

2- VICEPRESIDENTE.

3- MINISTRO CANCILLER (relaciones internacionales)

4- MINISTERIO DE ECOLOGIA, BIODIVERSIDAD Y MEDIOAMBIENTE.

5- MINISTERIO DE JUSTICIA Y SEGURIDAD ECOLOGICA.

6- MINIST. DE EDUCACION ECOLOGICA, CIENCIAS Y TECNOLOGIAS.

7- MINISTERIO DE ADMINISTRACION Y FINANZAS.

Nota:

Estos constituirán el consejo de Gobierno Ecológico.

Cada ministro tendrá uno o más viceministros de acuerdo a las necesidades de cada ministerio.

Condiciones para ser miembro del consejo:

1- Ser filocosmoslogo.

2- Ser filántropo.

3- tener probada honestidad.

4. Estar especializado en una de las siguientes áreas: Ecología, Cosmología, Astronomía, Astrofísica, Bioquímica, Química, Física, Geología, Botánica, tecnología, o ser científico en alguna de las áreas afines.

DEL CONSEJO DE GOBIERNO ECOLÓGICO

1= Redactar el acta constitutiva que crea y regirá el Estado.

2= Escoger los funcionarios para funciones ejecutivas.

3= Constituir los diferentes organismos y/o delegaciones.

4= Constituir la asamblea legislativa.

5= Elaborar el reglamento que regirá al consejo de gobierno.

6= Conocer, modificar y ratificar el reglamento que regirá para cada ministerio u organismo.

7= Conocer toda sentencia emanada de la corte suprema antes de su divulgación.

8= Otorgar certificado de membresía a todas aquellas organizaciones ecológicas y ambientalistas que lo solicitasen.

9= Trazar las políticas de orden ecológicas y de medioambiente que se han de llevar a cabo en todo el planeta.

10= Definir la residencia o sede central del gobierno.

11= Conocer las leyes emanadas de la asamblea legislativa antes de su promulgación.

12= Elaborar el documento protocolar que regirá las relaciones del Estado Ecológico con los demás Estados del mundo.

13= Seleccionar los funcionarios que representarán al Estado Ecológico ante las diferentes instituciones tanto Internacionales, continentales como regionales, así como en las distintas agencias científicas de exploración espacial.

14= conocer y aprobar el presupuesto del año fiscal correspondiente.

15= Informar a los demás estados sobre las acciones a llevarse a cabo en el año siguiente.

16= Crear los organismos que se considere necesario.

17= Conjuntamente con la asamblea legislativa elegir al presidente y vicepresidente por un único periodo no mayor de 10 años y no menor 8 años.

18= Elegir cada cinco años el 50% de los miembros de la asamblea legislativa.

1ro. DEL PRESIDENTE:

El presidente es el máximo ejecutivo del consejo del gobierno del Estado Ecológico y sus responsabilidades entre otras son las siguientes:

1= Velar de manera irrestricta para que el gobierno bajo su mando marche de manera correcta.

2= Convocar y presidir las asambleas, tanto ordinarias como extraordinarias.

3= Ejecutar las disposiciones que emanen del consejo en asamblea.

4= Representar el gobierno antes los demás Estados.

5= Refrendar los nombramientos de todos los funcionarios del gobierno.

6= Conocer y refrendar todas las operaciones financieras.

7= Certificar todos los organismos y/o delegaciones del gobierno.

8= Otorgar reconocimiento de membresía a las organizaciones afines ya existentes que lo solicitaren.

9= Informar a los demás Estados sobre disposiciones, leyes y resoluciones emanadas del Estado Ecológico.

10= Recibir los informes de cada uno de los ministerios.

11= 11=Promulgar las resoluciones emanadas del consejo.

12= Promulgar, cumplir y hacer cumplir las leyes emanadas de la asamblea legislativa.

13= Presentar juramento ante el consejo y juramentar a los demás funcionarios.

14= Celebrar contratos y acuerdos con los demás Estados.

15= Aceptar la renuncia de cualquier funcionario que lo solicite.

16= En circunstancias extremas, actuar a través de una orden ejecutiva sin el consentimiento previo del consejo.

2do. DEL VICEPRESIDENTE:

1= Sustituir al presidente en caso de muerte, renuncia justificada o por deposición de este por grave delito en el desempeño de sus funciones.

2= Representar por delegación al presidente antes los organismos internacionales o cualquier otra circunstancia.

3= Supervisar y recibir informes de los distintos ministerios sobre los programas implementados por el Estado Ecológico.

4= Presidir las asambleas del consejo en ausencia temporal del presidente.

5= Archivar, proteger y preservar de manera íntegra todos los documentos internos del gobierno del Estado Ecológico.

6= Presidir la cámara legislativa.

7= fungir de secretario de acta en las sesiones del consejo.

3ro. DEL MINISTRO CANCILLER:

1= Elaborar los documentos de protocolo que armonizaran las relaciones del Estado Ecológico con los demás Estados.

2= Regir las delegaciones diplomáticas a nivel internacional.

3= Informar permanentemente al consejo sobre las actividades del Estado Ecológico en relación con los demás Estados.

4= Informar a todas las delegaciones sobre las políticas, programas y estrategias emanadas del consejo.

5= Mediante documento, acreditar conjuntamente con el presidente las delegaciones que representaran al Estado Ecológico antes los diferentes Estados.

6= Recibir de las delegaciones los informes y luego tramitarlos al ministro correspondiente.

7= Elaborar el reglamento que regirá a las delegaciones diplomáticas en toda la geografía planetaria y luego presentarlo al consejo para su aprobación.

4to. MINISTRO DE ECOLOGIA, BIODIVERSIDAD Y MEDIOAMBIENTE:

1= Elaborar un registro de los polos ecológicos de mayor incidencia y de otros que pudieran serlo.

2= Elaborar un registro por zonas geográficas del deterioro ecológico y sus causas.

3= Realizar monitoreo y luego levantamiento de los elementos contaminantes que intervienen con mayor impacto en la Ecología y el medioambiente.

4= Hacer un levantamiento topográfico de la geografía planetaria por continente, región y nación.

5= Diseñar proyectos energéticos alternativos de consumo masivo.

6= Crear e implementar sistemas de alta tecnología con capacidad para medir la frecuencia vibratoria del planeta y su posición con las coordenadas interplanetarias.

7= crear laboratorios de alta tecnología con capacidad para medir el grado de contaminación atmosférica y la potencia de las hondas magnéticas que impactan al planeta atreves del monitoreo contante de la capa de ozono.

8= Crear los organismos ecológicos necesarios y registrar los ya existentes en toda la geografía planetaria.

9= Registrar y auxiliarse de los más dotados científicos y tecnólogos en la materia.

10= Determinar las variables de mayor incidencia en los cambios climáticos.

11= Determinar las causas del colapso de algunos planetas de la Galicia solar.

5to. DEL MINISTRO DE JUSTICIA Y SEGURIDAD ECOLOGICA:

1= Constituir y presidir la asamblea legislativa.

2= Conjuntamente con la asamblea legislativa, crear las distintas cortes judiciales.

3= Crear los órganos de seguridad y vigilancia ecológica en todo el planeta.

4= Elaborar los distintos reglamentos que regirán las diferentes dependencias del Estado en materia de seguridad ecológica.

5= Conocer, procesar y tramitar todas y cada una de las demandas contra y/o a favor de funcionarios o del Estado Ecológico.

6= Informar al presidente y al consejo de todos y cada uno de los procesos judiciales pendiente.

7= Revisar que las leyes emanadas de la asamblea legislativa no contravengan la de ningún otro Estado antes de su promulgación.

8= Apoderar a la corte correspondiente sobre cualquier demanda judicial.

9= Elaborar un reglamento que defina de manera precisa; qué son delitos ecológicos, de medioambiente y de biodiversidad, el cual servirá de soporte a la asamblea legislativa para la elaboración de un código ecológico universal.

10= Ocupar provisionalmente la función de presidente del consejo de gobierno en caso de ausencia permanente del presidente y del vicepresidente hasta que sean elegidos los nuevos funcionarios en sustitución de los anteriores.

11= Rectificar y tomar juramento a los jueces y fiscales luego de su elección.

12= Crear y presidir la policía Ecológica y proveerla de su respectivo reglamento.

6to. DEL MINISTRO DE EDUCACION ECOLOGICA, CIENCIAS Y TECNOLOGIA:

1= Elaborar programas Ecológicos de largo alcance y de alto contenido científico-tecnológico.

2= Coordinar con las Universidades y otras Instituciones académicas la creación e implementación de programas ecológicos, medioambiente y biodiversidad.

3= Crea la Academia de ciencias cosmofísica y Biotecnológica.

4= Elaborar material didáctico sobre ecología, biodiversidad y medioambiente.

5= Coordinar programas educativos con las distintas asociaciones Ecologistas y afines.

6= Crear una base de datos sobre los esfuerzos educativos que se están llevando a cabo en favor del planeta en toda la geografía planetaria.

7= Buscar repuestas científicas y tecnológicas que contribuyan de manera eficiente a disminuir los efectos contaminantes.

8= Crear la carrera de ciencias ecológicas, biodiversidad y medioambiente.

9= Crear la carrera de ciencias Geo cosmológicas.

7mo. DEL MINISTRO DE ADMINISTRACION Y FINANZAS:

1= Elaborar el presupuesto anual de ingresos y gastos del Estado Ecológico.

2= Definir las cuotas de colaboración correspondiente a cada estado.

3= Informar a los Estados sobre los recursos recaudados provenientes de las aportaciones de cada Estado.

4= Crear programas que generen fuentes de ingresos adicionales.

5= Rendir informe periódicamente al consejo sobre ingresos y egresos.

6= Hacer que los registros de contabilidad se lleven con absoluta pulcritud y transparencia.

7= Practicar rastreos periódicos sobre disponibilidad financiero y rendir informe al consejo sobre el estado de cuenta.

8= Firmar cheques y certificados financieros conjuntamente con el presidente.

9= Abrir o cancelar cuentas bancarias conjuntamente con el presidente.

10= Pagar todas las utilidades solo y a través de cheques del Estado Ecológico.

11= Realizar transacciones económicas previo autorización escrita del consejo de Estado.

Nota:

Todo funcionario que ostente una función de responsabilidad ejecutiva en el Estado Ecológico llevará consigo una credencial que lo acreditará como ciudadano del mundo, lo que le permitirá ejercer sus funciones sin obstáculos de nacionalidad. Para tales fines, se elaborará un protocolo diplomático y luego se dará a conocer a los diferentes Estados del mundo.

DE LA SEDE DOMICILIAR DEL GOBIERNO ECOLÓGICO

Por ser el Estado Ecológico una Institución de carácter no político ni de orden religioso alguno, pero sí de dimensión social a nivel global, su domicilio territorial no tendrá límites geográficos ni fronterizos, sino más bien, que su territorio de gobierno solo deberá tener límites de orden privado por cuestión de seguridad. Por tanto, su sede de gobierno podrá estar domiciliada en cualquier demarcación territorial dentro de cualquier nación siempre y cuando sea suficientemente adecuada para que el Estado pueda llevar acabo sus operaciones institucionales de manera ininterrumpidas. Deberá contar con una porción de terreno de no menos de 50 millas cuadradas y de ser posible con acceso al mar. Un área de esta dimensión podría ser suficiente para las instalaciones de las utilidades requeridas, por ejemplo:

1) Edificaciones para la residencia del gobierno Ecológico.

2) Instalaciones para delegaciones diplomáticas.

3) Academia ecológica, ciencias y tecnologías.

4) Campus satelitales; entre lo que se instalará un mega satélite para medir las frecuencias vibratorias del planeta y su alineación con las coordenadas interplanetarias.

5) Disponibilidad para puertos, helipuertos y aeropuertos.

6) Complejos habitacionales, hoteles y restaurantes.

7) Parques ecológicos y energéticos.

8) Centros de salud.

9) Laboratorios de experimentación geomagnética.

10) Parques para deportes y recreación.

11) Campus para experimentación tecno científica.

12) base experimental para misiones interplanetaria.

13) Residencial para funcionarios y delegaciones Internacionales.

14) parque industrial tecno virtual.

15) un mega satélite para comunicaciones interplanetarias

Además, se deberá disponer de terrenos extra para posibles instalaciones futuras.

La ubicación territorial deberá estar situada preferiblemente en un lugar con aseso al mar.

Estará dentro de cualquier nación, pero no será parte del organigrama geopolítico de la nación donde esté ubicado.

PRESERVAR, CUIDAR Y PROTEGER AL PLANETA DEBERA SER SIEMPRE LA PRINCIPAL PRIORIDAD Y RESPONSABILIDAD DE TODOS Y CADA UNO. **"EL PLANETA PRIMERO."**

Es probable que algunos sectores no perciban la importancia del presente tratado ya que este podría resultar incompatible con los intereses de algunos grupos, tanto del ámbito político como del ámbito económico, y posiblemente de algunos sectores religiosos. No es un secreto que existen sectores que no le importa para nada el futuro del planeta, que lo único que les importa es, vivir el aquí y el ahora egocéntricamente.

Si observamos las conclusiones de la última cumbre sobre el cambio climático celebrada en Paris Capital de Francia, del 1ro al 11 de Diciembre de 2015 podríamos darnos cuenta que esta no llenó las expectativas esperadas ya que en vez de acercarse a las causas que intervienen en el desbalance del Planeta lo que hizo fue alejarse aún más de las verdaderas causas que interviene de manera concreta en el deterioro del mismo. Para los participantes de dicha cumbre, lo más importante fue disponer de cuantiosos recursos para apoyar económicamente a los países pobres como si la pobreza fuese la causante del calentamiento global, del cambio climático, de la proliferación de la alta contaminación, de los efectos invernaderos, de los múltiples daños ecológicos y del debilitamiento de la capa de ozono, en definitiva, del desbalance manifiesto del planeta.

Se olvidaron que los países pobres no son productores de petróleo, no disponen de grandes industrias de contaminantes y no disponen de procesadoras nucleares, quizás el único daño que estos hacen a la ecología es, la deforestación masiva.

En dicha cumbre se aprobó un fondo exorbitante para ayuda de los países pobres, correspondiente a 100.000.000 cien mil millones de dólares anuales con el fin de combatir el cambio climático. Con esta medida se proponen disminuir en los próximos 20 años 1,50 grados de los 3 grados de calentamiento que supuestamente ha aumentado el calentamiento en los últimos años en todo el planeta. https://elpais.com>actualidad

Estoy plenamente seguro que con la miseria que viven las mayorías de los países del mundo dichos recursos no se aplicará ni el 25% en función de la mejoría de la ecología y el medioambiente, por lo que desde ya se podría pronosticar un aumento desproporcional en el cambio climático en los próximos años. Esta será una meta fallida. De nada sirve hacer inversiones súper millonarias si no vamos a las verdaderas causas que afectan gravemente la integridad del planeta. La única solución de salvar al planeta de una catástrofe impredecible es, la creación inmediata del "Estado Ecológico, Biodiversidad y Medioambiente."

De crearse dicha entidad y en el supuesto caso que la misma fuese confiada en nuestra persona, nos comprometemos con lo siguiente:

✓ **Primero:** que en un periodo de 10 años le entregaremos al mundo los primeros laboratorios procesadores de energía electromagnética condensada.

✓ **Segundo:** que en un periodo de 15 años tendremos en funcionamiento el primer satélite temporizador vía terrestre con capacidad para medir las frecuencias vibratorias del planeta con capacidad para determinar las coordenadas interplanetarias de la galaxia solar.

✓ **Tercero:** que en los próximos 10 años después de haber sido aprobado el Estado Ecológico disminuiremos en un 25% los elementos contaminantes y en la misma proporción la estabilización Climatológica.

✓ **Cuarto:** lograr en los próximos 20 años la estabilización del clima entre un 50 y un 60%.

✓ **Quinto:** que en los próximos 40 años solucionaremos en un 90% el problema ecológico, medioambiente y biodiversidad alcanzando así los niveles adecuados del comportamiento climatológico en toda la geografía planetaria.

✓ **Sexto:** Diseñar en el trascurso de los próximos 20 años las primeras naves aéreas y espaciales impulsadas por energía electromagnética condensada capaces de alcanzar velocidades de más de 100.000 millas por hora.

Para tales fines solo se necesitan cinco cosas:

➢ 1ro. La creación del Estado Ecológico.

➢ 2do. Una extensión de terreno de 50 millas cuadradas mínimo.

➢ 3ro. El 50% de los 100.000.000 mil millones de dólares anuales aprobados en la cumbre de Paris destinados a apoyar la lucha contra el cambio climático, más el 0.5% del presupuesto anual de todos y cada uno de los Estado del mundo.

➢ 4to. Disponibilidad de científicos idóneos.

➢ 5to. Apoyo irrestricto de todos los Gobiernos del Mundo.

Nota:

No podemos dejar el Planeta en manos de los políticos ya que los políticos son gentes muy ocupadas y no disponen de tiempo para estar pensando en calentamiento global, cambio climático, ecología, medioambiente y biodiversidad. Se necesita de un organismo independiente con jurisdicción legal que se ocupe 100% de la salud, seguridad y estabilidad del Planeta. Esto no interferirá en lo absoluto en los asuntos internos de las naciones, por el contrario, será un soporte para el desarrollo global.

En lo que a mi concierne, juro y prometo por mi dignidad y mi honor que si tal responsabilidad fuese depositada en nuestras manos, la presente generación será recordada hasta la eternidad por todas y cada una de las generaciones de los tiempos futuros.

ULTIMÁTUM

El planeta demanda de la urgente e inmediata conformación de un gran pacto internacional cuyo objetivo solo sea; la creación del **Estado Ecológico Biodiversidad y Medioambiente.**

Si antes que transcurran los próximos 100 años no se toman las medidas que demanda la grave realidad por la que está atravesando el planeta podríamos ser intervenido por otras civilizaciones con el fin de evitar que el planeta colapse ya que este podría estar girando fuera de su campo gravitacional causa por la cual este está perdiendo velozmente las fuerzas que lo armonizan con el Universo, razón por la cual se han alterado todas sus estructuras.

Hago un llamado urgente a la sensatez de la comunidad científica, organizaciones ecológicas y a todos los Gobiernos para que se actué con la mayor brevedad posible ya que la estabilidad del planeta está en inminente peligro y la vida podría desaparecer de la fas de la tierra en un abrir y cerrar de ojos. De no actuarse a tiempo, es posible que tengamos que contemplar con estupor el hundimiento de ciudades y las devastaciones de Naciones enteras, teniendo en cuenta que en los últimos 100 años el planeta ha perdido un 15% aproximadamente de su capacidad electromagnética, y no menos de un 3% de su peso natural, suficiente para que este pierda total armonía con el universo.

<u>Tengo en mi poder diseños de ultra tecnología suficientes para dar respuestas a las propuestas formuladas en el presente proyecto, solo necesito recursos, disponibilidad, generosidad y buena voluntad de personas que amen el planeta y de científicos idóneos que quieran cooperar en esta ardua y filantrópica tarea.</u>

Para implementar dicho proyecto no se necesitará; ni psicólogos, ni psiquiatras, ni teólogos, ni teóricos evolucionistas, ni pastores interesados en bautizar a seres de otros planetas, ni profetas mensajeros de catástrofes y juicio final; ni siquiera de científicos fanatizados en teorías carentes de toda lógica. Solo se necesita de personas normales con visión de futuro capaces de entender que más allá existen otras posibilidades aun superiores a nuestro entendimiento, conocimiento y comprensión científica. Dichas posibilidades están a nuestro favor, a nuestro alcance y a nuestra disposición.

Repito y afirmo. Créalo o no: **tengo en mi poder diseños de ultra tecnología de procedencia desconocida para dar respuesta a la problemática Ecológica que afecta** profundamente el desbalance del planeta tierra y estoy en disposición de mostrar en el momento que se me solicite. Me refiero a pruebas físicas de ultra tecnología que nadie más posee en este planeta.

En nombre de las generaciones futuras os pido que mi voz sea escuchada. Soy un hombre de avanzada edad y no pretendo; ni poder, ni fama ni riqueza, solo pretendo que la integridad del planeta prevalezca por encima de todo interés temporal.

Analícese con mente abierta y con plena visión de futuro.

Juan de Dios Cabral
Abril 15 del 2015

CONCLUSION

En este momento de nada sirven las consideraciones, apreciaciones opiniones y buena voluntad de los teóricos del cambio climático, hace falta la disposición seria y responsable de quienes tienen en sus manos la solución para resolver la problemática climatológica planetaria. Es una necesidad de primer orden la creación de un proyecto de alcance global capaz de enfrentar con coraje y gallardía el deterioro planetario.

El planeta reclama a gritos al tiempo que demanda la acción inmediata de todos, especialmente de aquellos científicos e instituciones; políticas, religiosas, socioculturales y medioambientalistas sin distinción de razas, ascendencia política, credo religioso o posición económica para que en una acción combinada pongamos en marcha un plan global que conduzca a la estabilización planetaria cueste lo que cueste ya que si por descuido o negligencia continuamos deteriorando el planeta podríamos enfrentar en un futuro no muy lejano situaciones de magnitudes impredecibles.

No pretendo escandalizar ni alarmar a nadie, sino más bien encender una alarma de alerta ya que las consecuencias se están mostrando en nuestras narices pero parece que no las vemos o nos hacemos los ignorantes para ni siquiera percibirlas.

Mi propuesta sobre la creación del Estado Ecológico, Biodiversidad y Medioambiente está dirigida a combatir desde sus raíces el cambio climático, y estoy plenamente seguro que es la más viable, la más idónea, la más concreta y la menos costosa, y sobre todo, la herramienta más eficaz para hacer frente al deterioro planetario.

AUTOBIOGRAFIA

1) LICENCIADO EN FILISOFIA, Pontificia Universidad Madre y Maestra, 1988, Santo Domingo Republica Dominicana.

2) LICENCIADO EN CIENCIAS RELIGIOSAS (Teología), 1990, Seminario Pontificio Santo Tomás de Aquino, Santo Domingo Republica Dominicana.

3) SACERDOTE CATOLICO Y DIRECTOR DIOCESANO DE PASTORAL JUVENIL, 1990- 1993, Diócesis de La Vega, Republica Dominicana.

4) PROFESOR DE DERECHO CANONICO, 1992- 1993, Pontificia Universidad Tecnológica del Cibao, La Vega Republica Dominicana.

5) DIRECTOR GENERAL DE YMCA, 1994-1996, Republica Dominicana.

6) ASESOR Y COORDINADOR DE MONOGRAFICOS (Tesis), ORIENTADOR ACADEMICO Y MAESTRO DE FILOSOFIA Y PSICOLOGIA, 1995-1999, Escuela Técnica de Administración Municipal, Santo Domingo, República Dominicana.

7) COORDINADOR DE PROGRAMAS, 1995-1999, Ayuntamiento del Distrito Nacional, Capital de la Republica Dominicana.

8) DIRECTOR ACADEMICO, Colegio San Elías Profeta, Distrito Nacional Capital de la Republica Dominicana. 1999- 2001.

9) COORDINADOR ENLACE ENTRE EL GOBIERNO Y LAS IGLESIAS, 2001-2004, Republica Dominicana.

10) TAXISTA, 2006-2015, New York, Estados Unidos de Norte América.

11) Autor de las obras: NI CREACION NI EVOLUCION, 2013, LA SENTENCIA PROCLAMA, 2018 E IDEAS CUMBRES, 2019. Estados Unidos de Norte América.

El presente libro es un copyright del tratado I del libro titulado: LA SENTENCIA PROCLAMA.

He decidido publicar este trabajo por separado por considerarlo de alta prioridad para el planeta, para la biodiversidad y Medioambiente y especialmente, para el futuro de la humanidad.